U0299334

花园中的生活

GARDENS FOR LIVING

奇思哲·张立红 作品集

别墅景观篇

张立红 编著

华中科技大学出版社
http://www.hustp.com
中国·武汉

图书在版编目(CIP)数据

花园中的生活：奇思哲·张立红 作品集. 别墅景观篇 / 张立红编著. – 武汉：华中科技大学出版社，2013.9
ISBN 978-7-5609-9270-9

Ⅰ. ①花… Ⅱ. ①张… Ⅲ. ①别墅 – 景观设计 – 作品集 – 中国 – 现代 Ⅳ. ①TU986.2

中国版本图书馆CIP数据核字(2013)第170196号

花园中的生活
奇思哲·张立红 作品集
别墅景观篇
张立红　编著

出版发行：华中科技大学出版社（中国·武汉）
地　　址：武汉市武昌珞喻路1037号（邮编:430074）
出 版 人：阮海洪

责任编辑：刘锐桢　　　　　　　　　　　　　　责任监印：秦　英
责任校对：杨　睿　　　　　　　　　　　　　　装帧设计：张　靖

印　　刷：北京利丰雅高长城印刷有限公司
开　　本：889 mm×1194 mm　1/16
印　　张：17.25
字　　数：140千字
版　　次：2013年9月第1版第1次印刷
定　　价：298.00元

华中出版

投稿热线：(010)64155588-8009　　hzjztg@163.com
本书若有印装质量问题，请向出版社营销中心调换
全国免费服务热线：400-6679-118 竭诚为您服务

目录 /CONTENTS

序言 /INTRODUCTION

张立红先生是美国风景园林协会会员，纽约及加州注册景观设计师。他在环境规划和景观设计方面有超过二十年的经验，并在美国、加拿大、加勒比海、中国香港及内地参与过许多不同尺度的景观项目。他在都市设计、私家别墅、公园和城市广场、高级酒店和度假村，以及高速公路绿化等方面有丰富的经验，并参与过多项大尺度的环境及住宅规划开发项目。他的设计具有创造性、美观性及实用性。

北京奇思哲景观设计工作室有限公司暨张立红（北京）景观设计工作室有限公司是由资深景观设计师张立红先生从纽约回到中国后于 2007 年在北京创建的。张立红先生早先在纽约和新泽西的设计公司的业务也因此由美国转移到中国。公司秉持"小而精"的原则，为客户提供专业定制服务。我们注重设计细节，在设计中充分利用周围环境中的自然元素，综合考量景观、植物与生态等多者之间的关系，通过对现状环境、客户要求、专案元素和建筑设计的深入理解，力求每一个设计都能满足功能要求并体现艺术美感。

我们于 2007 年从美国迁到北京后，有幸见证了中国城镇的飞跃发展，参与了许多高端房地产开发项目。不管是在美国或是在中国，我们的设计秉承了一贯的原则， 即注重景观空间结构和细节。空间结构的好坏直接影响到人和景观之间的尺度关系，是人对景观产生的第一印象，决定了是否能使人产生认可度和舒适感。细节是景观成败的关键，是景观的生命，是一个设计师综合能力的体现，是人和景观间互动和产生化学反应的主要元素。没有空间和细节的成功，也就没有景观的成功。

我们的设计始终在协调性、识别性、空间的多样性和空间的领地感等方面下功夫，目的是能够营造舒适的景观空间和完美的景观细部。

一个项目的景观是由大大小小的空间组成的，而项目本身又置身于一个更大的空间中，这也就形成了我们所讲的大环境。我们的设计强调景观与大环境的协调，与地域文化的协调，与建筑风格的协调。我们一致努力的方向是景观、人、文化、地域环境和建筑的和谐共处。大到整个项目，小到单体细部，没有协调也就没有整体感和和谐感。比如，我们经常强调石材和植物的生命性，实际上也是强调了这些材料和地域环境的协调和适应。使用的材料必须服从基本的自然规律和环境要求，我们希望尽量使用当地的材料，这样既能满足材料对地块环境的天然适应性，又能更好地诠释当地的文化和自然特征。

空间的多样性是创造一个丰富多彩的居住环境和满足户外活动功能的重要因素。多样性满足了功能要求，不同空间的组合形成了了一个完整的景观功能体系，比如一个项目的入口广场、道路、大草坪、游乐场、休憩花园、运动花园、观赏花园，等等，组成了一系列的功能性空间，充分满足各种各样的户外活动、休憩和观赏要求。

识别性的重要性表现在既要满足归属感，又要增强景观的方向感。我们的设计通过硬质、小品、植物等景观元素，在与大景观协调的前提下，对每一个空间赋予主题特性，并对景观细部进行特色设计处理，让空间的特征突显出来，形成一个记忆空间，帮助强化景观的归属感和方向感。比如一个亭子、一个特色景墙、一块特色铺装、一棵特色树，或是一个主题花园等，均可营造出容易识别的记忆空间。

景观的领地通常是通过景观的边界处理来界定景观空间的范围。一个项目的地块边界界定了项目的范围，边界的入口、围墙、植物配置等又决定了项目的品位和特征。同样，各个景观空间的边界处理也确定了空间的领地和范围，同时从空间的边界处理中，领略到景观空间的第一感官效果。边界的处理，有的时候是实的，有的可能是虚的。比如，有的项目的边界围墙是实体高墙，有的是铁艺虚墙。实体高墙的领地感更强，对于私密性要求较高的地方，比如别墅的私家花园，实体墙是第一选择，高的实体墙既满足了私家花园的私密性，又增强了领地感和稳定性。对于私密性要求不高的空间，可以用很多界定空间的手法来处理，比如铁艺围墙配搭植物，这样内外空间比较容易融为一体。有的空间的边界处理手法可更简洁，比如广场可用特殊铺装来界定。道路景观的边界可能就是道牙和行道树组成的边界。有的花园可能就是绿篱和几棵树围合起来的空间。对边界的处理千变万化，虚虚实实之间，就构成了形成景观空间的基础。

总之，景观是一个系统工程，需要设计者的不懈努力。同时，景观的成功同样需要甲方和施工方的配合和共同努力，需要资金的到位、工程工艺的到位、材料的到位，等等。如果缺少其中任何一方或一个环节，景观肯定不会有完美的效果，也不会达到一开始的期望，甚至可能会失败。我国现阶段发展期间所形成的文化观和思维模式，以及衍生出来的对景观的特殊要求，给景观设计和营造带来了巨大的挑战。比如，为了达到即时效果，大量使用大树；为了营造出所谓的高档品位，大量使用石材。这样的景观营造对资源形成了一种过度使用和破坏性的需求。如何做生态型的可持续的景观，如何做有品位的"大"景观，等等，是摆在我们设计师面前的一个大课题。这样的课题的破解需要时间，需要一种社会氛围，需要一种真正有品位的文化的形成。

绿城　上海玫瑰园

上海玫瑰园
SHANGHAI ROSE GARDEN

上海玫瑰园位于上海西南闵行区马桥旗忠森林体育城，紧邻旗忠高尔夫球场和国际网球中心。此项目是绿城集团在上海的第一个别墅项目，占地 1205 亩（约 80333 平方米），规划独立别墅 240 栋。项目以 20 世纪末的西方高级社区为蓝本，以 20 世纪初的老洋房建筑为基础，把具有长久生命力的社区概念演绎出来，使这一社区成为上海地域文化的映射，成为绿城集团第三代别墅全新的标杆。

作为城市花园的典型代表，上海绿城玫瑰园的特点明显，其设计灵感来自于 20 世纪二三十年代的上海老洋房，主要表现在以下五个方面：用大树和高墙构筑的简洁大气的街区景观，水系和自然植物串联而成的自然景观，极其稳重和优雅的折衷主义欧洲风格的建筑符号，与建筑风格和谐配合并具有高度私密性的庭院景观，考究的景观和建筑细部。这些元素之间互为统一、相互呼应，构成和谐的充满生活氛围的高尚社区。

GREENTOWN
ROSE GARDEN
上海·绿城玫瑰园

上海玫瑰园的公共景观以道路景观和水系景观为主。道路分三级：小区主干道、组团路和入户道路。每一级道路特点明显，主干道以两边均为高围墙为界或者一边高围墙一边河道为界，配以层次分明的自由式植物种植，营造一种大气和放松的氛围。组团路在北边以实体高墙为界，南边以铁艺围墙为界，配以人工化明显的植物搭配，营造一种简洁、大气的城市化的氛围。入户道路以入户大门为界，花岗石铺装的道路与组团路的沥青铺面形成对比，道路的铺装色彩和植物搭配与每一户的建筑风格协调呼应，形成独特的入户道路景观。水系以南北向穿越小区的市政河道为中心，围绕主环路的宽8米左右的水系同主环路边的步行道形成小区内的环状景观带，从中心河道向东西分流的水系和环形水系一起，把主环路里面的区域分成七大块，使每一块里的别墅及会所均可以临水而设，把江南水乡的大风景意象引入小区规划中。整个公共区设计简洁明快，精细完善的美丽景观是整体风格和大环境意象的最好注释。

小区入口

入口道路景观

入口林荫道

公共景观：入口林荫大道

公共景观：喷泉广场

公共景观：水系（一）

公共景观：水系（二）

公共景观：水系跌水石坝

公共景观：组团道路（一）

公共景观：组团道路（二）

公共景观：组团道路回车广场

私家庭院

上海玫瑰园的建筑以法式、意式和英式为主，景观设计力求在整体风格、细节、材料应用和植物配置上保持与建筑相协调。同时，上海老洋房的深宅大院和大草坪的感觉在私家庭院的设计中充分体现出来。

樱花花园

樱花花园豪宅是一个具有现代风格的法式建筑，景观设计以此为基础，在平面布局、细部设计和植物配置方面充分体现这一特点。此地块东北两面环水，南面紧邻组团路，西面是入户车道。南面和西面采用实体高围墙，充分保证其私密性。为了引领人们进入入户大门，从而安排了入口广场、大台阶、樱花树阵、观水平台、入户水景广场和环形大台阶。从西向东、从低向高，创造了一系列的引导性强烈的景观空间，把入户道路过长的不利因素化为优势，通过植物造景、空间收放和光线明暗的变化，提供趣味横生的入户情景体验。庭院南院作为主庭院，以客厅的中轴线为基础。灰色花岗石收边的椭圆形草坪、由南边的大花架和水景、东西两边的花园围合，创造出稳定、简洁和大方的草坪花园空间。北花园东侧的泳池区是北花园的主要活动区，椭圆形的泳池和南院的大草坪遥相呼应，无边泳池把景观向北引向小区水系，西侧的休闲草坪作为泳池平台区的延伸，把室外休闲活动范围从泳池区延伸到草坪区和与泳池区相连的车库广场。

私家庭院之樱花花园：樱花花径

私家庭院之樱花花园：入户花园

私家庭院之樱花花园：草坪花园

私家庭院之樱花花园：家居平台

私家庭院之樱花花园：泳池区

玉兰花园

传统法式的玉兰花园豪宅在景观设计方面强调轴线关系，花园空间规整，细部特点明确。东、西、南面用实体高围墙围合，北面临水。东侧的入户入口采用特殊铺装和大台阶，创造出一种登堂入室的感觉。南院的景观布局以居室和客厅的两个轴线为中心而展开，沿居室轴线向南，依次为家居平台、雕塑花园、泳池区，这三个空间功能明确，序列感强，空间变化丰富。靠近建筑的家居平台把室内的家居功能延伸到室外，使用玉兰和矮墙来围合空间；处于中间的雕塑花园除了具备观赏功能外，主要作用是一个中转站，向南可进入泳池区，向北可连接家居平台，向东可通向客厅平台，向西在景墙处北转可通向北花园；大草坪区北邻客厅平台，西靠泳池区，东侧和南侧以绿篱和花树为界，规整而不失变化，客厅平台和泳池区的活动空间被扩展开来，增加了建筑和景观主活动区的纵深。规整的北花园以居室中轴线上的叠水水渠花园为主，无边叠水把景观视线延伸到公共水面，南、北花园的水元素相互呼应、互为统一。用规则的花带构成的草坪向东连接亲水平台和车库广场，水光花色相映成趣。

私家庭院之玉兰花园：前院

私家庭院之玉兰花园：草坪花园

私家庭院之玉兰花园：泳池区

私家庭院之玉兰花园：泳池花园

私家庭院之玉兰花园：雕塑花园

私家庭院之玉兰花园：草坪花园

私家庭院之玉兰花园：草花花园（一）

私家庭院之玉兰花园：后院水景花园

私家庭院之玉兰花园：
水渠花园景观

私家庭院之玉兰花园：后院草花花园

私家庭院之玉兰花园：草花花园（二）

上海玫瑰园

私家庭院之玉兰花园：水渠花园细部

玫瑰花园

古典法式的玫瑰花园豪宅轴线感强烈，规则对称，形成了景观布局的主要特点。在建筑的中轴线上，北庭院作为入口花园，通过雕塑，水景和对称的铺装，形成了一个气派和庄重的入口景观。南庭院以中轴线为中心的大草坪，向南紧邻公共河道，向北拾级而上连接主平台区。在主平台区的平台休憩活动，观赏视线经过大草坪，穿越草坪区的背景树木后便可眺望涓涓河流，光影斑驳，绿草茵茵。泳池区位于草坪东侧，与西侧的玫瑰园遥相呼应，景观空间收放有序，景观布局庄重规整，法式古典的精华和老上海的海味再生于此。

私家庭院之玫瑰花园：大草坪区

私家庭院之玫瑰花园：玫瑰花园

私家庭院之玫瑰花园：草坪区

私家庭院之玫瑰花园：客厅平台花园

私家庭院之玫瑰花园：室外休憩平台区

私家庭院之玫瑰花园：泳池区

台地花园

具有鲜明的意大利式特色的台地庭院景观和典型的意式建筑风格相互呼应，相映成趣。主庭院里的景观布局台地效果明显，从正餐厅和客厅出门经廊道拾级而下，进入客厅平台，南边的下沉草坪便可一览无余。从客厅平台顺台阶向下进入草坪区，向西折转，沿回纹方形台阶向上可步入泳池区。泳池区和家居室相连，抬高的按摩池设置在泳池西侧，面向草坪的涓涓池水从按摩池跌入泳池。景观元素层层相连，环环相扣。在景观材料的运用上，景观硬质材料和建筑材料充分配合，红砖用作大面铺装，黄色砂岩用作收边和压顶；植物材料的运用充分反映意式庭院浓绿的特点，绿树成荫，果香满园。

私家庭院之台地花园：泳池区

私家庭院之台地花园：花园小径

私家庭院之台地花园：室外家居平台区

私家庭院之台地花园：家居平台结合花架

私家庭院之台地花园：细部景观

蝴蝶花园

此英式庭院在景观布局和材料运用上把英式园林的特点表现得淋漓尽致：在景观布局上把英式皇家园林的轴线布置特点反映出来；在材料运用和植物配置上形成舒适、自然的空间环境，利用草花和开花乔灌木创造绚丽斑斓的花园。南院的平台包括入户平台、紧邻建筑客厅和餐厅的草坪平台及泳池平台。不管是位于栾树下方，以草坪为主的草坪平台，还是置于浓荫下的泳池平台，所有室外平台区均采用相应的植物配置软化硬质铺装过硬的感觉。大草坪区和位于英式凉亭南面的草花花园区，把英式繁花似锦、自然遐意的感觉营造出来。北庭院的下层水景花园的中心是由草花花园环绕的荷花池，从下层水景花园拾级而下的亲水平台把北庭院的空间延伸到公共水系。所有庭院布局和室内活动空间的视觉轴线相互呼应，使室内外的空间互相渗透、浑然一体。

私家庭院之蝴蝶花园：无边泳池区

私家庭院之蝴蝶花园：室外平台花园

其他代表性花园：

——法式花园；

——法式乡村花园；

——英式花园；

——英式乡村花园；

——意式花园。

法式花园：主庭院

法式花园：泳池平台区

法式花园：平台和草坪花园

法式花园：花园小径

上海玫瑰园

法式花园：侧院小径和平台

法式花园：
跌水泳池区

法式花园：草坪区

法式乡村花园：主庭院区

法式乡村花园：樱花汀步花园

法式乡村花园：泳池

英式花园：玫瑰园

英式花园：泳池

英式花园：主庭院

英式乡村花园：汀步花园

意式花园：泳池区

意式花园：玫瑰花园

意式花园：泳池区

意式花园：草坪花园区

意式花园：平台花园

意式花园：
木亭

意式花园：
侧院

山地别墅

绿城 南京玫瑰园

南京玫瑰园
NANJING ROSE GARDEN

南京玫瑰园是绿城集团在南京浦口区开发的一个高档别墅社区，项目位于南京市老山脚下的珍珠泉风景区内，占地470亩（约313333平方米）。老山国家公园里的大片森林是小区的天然氧吧，小区南面紧邻高尔夫球场， 距南京市中心约25分钟车程。

南京玫瑰园一期为47栋地中海风格别墅，已于2008年交付。我们参与了以法式、英式和意式别墅为主体的会所、二期、三期和四期的景观设计。

南京玫瑰园是一个典型的山地别墅群社区，山地别墅景观造就了南京玫瑰园的鲜明特点。

我们的设计从位于小区南面紧邻高尔夫球场的主入口开始。主入口的气势通过 100 米长的林荫大道突显出来，古典欧式风格的 LOGO 墙是主入口的起始点，香樟及紫花山麦冬组成的中岛绿化带和榉树及草坪组成的道路边缘绿化带形成了林荫大道，它在西边的挡墙、层次丰富的背景常绿植物以及东边的会所花园的衬托下，向北延伸和小区的主环路交接。在交接的丁字路口处，林荫大道在突显小区高贵感的古典欧式岗亭和铁门处结束，并在丁字路口的北端以高耸挺拔的银杏和整片开花地被作为主入口区域的结尾处。

南京玫瑰园葡萄藤式的规划将园区道路分为公共主干道、组团道路和每户的入户道路三个层次，并在道路边增加了人行步道和公共休息区域。人行步道和公共休息空间因地制宜，根据路边空间的大小时而"紧贴"路边，时而自由地"穿梭"于路边的大树和花园中，其结合道路两边庭园围墙旁的丰富及自然搭配的观赏植物和鸟语花香的公共休息花园，创造出一种放松、休闲的公共漫步环境和邻里交流的活动场所。

林荫道

南京玫瑰园

组团道路入户广场

组团道路尽端广场

组团入口

南京玫瑰园会所位于主入口东侧。会所景观设计尽显传统法式的优雅和气派，规划中透显生活氛围。会所前院包括水景雕塑花园、停车场花园和服务区花园。会所后院是一个下沉庭院，用典型的法式大草坪和修剪整齐的绿篱、叠水水景和拱形玫瑰架组成一个浪漫的法式花园。

会所前庭水景花园夜景

会所前庭水景花园日景

会所前庭入口

会所入口

会所前庭停车场

会所侧院台地花园

会所后花园

会所后花园水景

会所后花园主平台

会所前花园水景细部

会所后花园水景细部

南京玫瑰园的私家别墅庭院在不影响室外停车的情况下尽量采取了全封闭的形式，通过利用铁门和围墙围合整个庭院，从而满足用户的私密性和突出深宅大院的高贵感。整个小区的私家庭院面积在700～2000平方米之间，布置了富有浓厚现代庭院生活气息的泳池、按摩池、烧烤台、廊架、亭子、平台、大草坪、花树及果树等，并通过空间组合，把室内功能空间延伸到室外，营造出入口花园、室外厨房餐厅空间、室外家居空间、室外客厅空间、室外阅读空间等由室内延伸到室外的功能空间，并把代表欧式花园的草坪花园作为庭院的主花园供用户观赏和活动。植物的配置以果树为主，配以结合功能区域的灌木地被、花园、菜园，把庭院生活的味道和情趣充分提炼出来。庭院的细部符合建筑风格，硬质材料的应用在质感和颜色方面也和建筑协调一致。花园风格也融入了建筑风格，法式的规整、意式的台地及英式的自然淋漓尽致地出现在庭院的布局和组织上。南京玫瑰园的山地特点也在下挂式的庭院和台地式的边院呈现出来，既增加了庭院的趣味性，也把庭院和地下室的空间完整地融合在一起，增加了地下室的舒适度和实用性。

私家庭院之法式花园：模纹花园和草坪花园

私家庭院之法式花园：泳池及草坪花园

私家庭院之法式花园：全景

私家庭院之法式花园：前院

南京玫瑰园

私家庭院之法式花园：前庭入户台阶

私家庭院之法式花园：泳池区

私家庭院：无边泳池和主草坪花园

私家庭院之法式花园

私家庭院之法式花园：夜景（一）

私家庭院之法式花园：夜景（二）

私家庭院：泳池水景平台

私家庭院：泳池景观

私家庭院之意式花园（一）

私家庭院之意式花园（二）

私家庭院之意式花园（三）

私家庭院：按摩池

私家庭院：水景墙

私家庭院：泳池及按摩池

私家庭院之前院：入户大门及车道

私家庭院之前院：入户车道和车库广场

私家庭院之主院：室外家居室

私家庭院：室外客厅平台

私家庭院：休憩平台

私家庭院：泳池平台

私家庭院之主院：室外壁炉区

私家庭院：室外家居室

私家庭院：室外家居平台

南京玫瑰园

私家庭院：家居平台结合花架

私家庭院：模纹花园

私家庭院：果园和玫瑰园

小区 LOGO（一）

小区 LOGO（二）

会所指示牌

拱形花架

木格栅

自然石砌挡墙

汀步

特色铺装

原生态别墅

绿城 · 舟山玫瑰园

舟山玫瑰园
ZHOUSHAN ROSE GARDEN

舟山玫瑰园位于浙江省舟山市定海区文化路原舟山市委党校地块，用地面积 4.7 英亩（约 19020 平方米），共有 8 栋法式别墅和一栋物管楼，总建筑面积为 6786 平方米，小区容积率为 0.272，绿地率为 46.2%。

舟山玫瑰园的景观设计除了创造与建筑风格相匹配的景观空间和细部，以及强调私家庭院的功能化和生活化，比如庭院中布置泳池、户外活动平台、草坪、烧烤台等外，还从以下四个方面突出了这个项目的独特性：
1. 自然丰富的街景；
2. 原生植物的保护；
3. 历史场景的还原；
4. 挡墙的景观处理。

舟山玫瑰园的景观设计创造与建筑风格相匹配的景观空间
和细部，以及强调私家庭院的功能化和生活化，比如庭院
中布置泳池、户外活动平台、草坪、烧烤台等。

小区入口

庭院景墙

泳池区

无边泳池

舟山玫瑰园

草径

泳池景观

自然丰富的街景：小区道路从南面的小区主入口蜿蜒向北，结合别墅单体开放式的前院景观，形成丰富通透的视觉效果。北边端头的环岛通过特色景观植物的搭配，形成优美的道路尽端花园式景观。所有别墅的前院面向道路，前院花园式的种植和精心保留的现状大树或为视觉焦点，或为高低起伏的天际线，构成了小区道路赏心悦目的风景。

入户平台

入户花园

入户台阶

入户景观

街景（一）

入户花园

车库入口

舟山玫瑰园

入户花园

街景（二）

舟山玫瑰园

街景（三）

原生植物的保护：此项目在建筑规划阶段就遵循了"尊重自然、尽可能地保存原生树木"的原则，在道路和建筑定位时尽量避开原有大树。在景观设计的过程中，充分合理地保留原有树种，发挥原有树木形成的自然体量和绿量，创造出与周围环境相适应、相协调的景观，通过合理运用现有原生植物，赋予小区独特的历史感。

舟山玫瑰园

133

汀步与原生树

原生树花园

原生树街景

历史场景的还原：小区旧址有一处中心花园，花园有 24 棵枝叶茂盛的原生乔木，具有绝好的林荫效果和空间围合效果。设计中对此处的处理为保留所有树木和休憩设施，对原铺装进行修缮和复原，并在靠近小区道路边，利用地形界定花园，形成围合感和领地感。为了真实地再现历史场景，花园中的一处石桌椅和周边的野生香樟被完整保留，同时利用旧址拆除后的石材铺砌园路。位于中心花园北侧的 5 号别墅的庭院设计同样遵循了设计对历史和记忆的追思的原则。根据业主的要求，为了保留靠西侧的一排旧平房和一棵银杏，泳池以特殊造型的方式避开银杏，并留出与旧平房的互动空间，同时在庭院的南侧保留所有的原生大树。整个别墅的氛围如同把建筑插入到了一个完整的、没有破坏的历史场景中，诠释出这块土地的历史延续性和文化精神。

舟山玫瑰园

保留花园

保留下来的平房

挡墙的景观处理：玫瑰园北侧山体和庭院标高形成了 15 米落差的陡坡，与结构工程师和甲方沟通后确定使用钢筋混凝土结构的挡墙、与建筑色调一致的饰面涂料，采用台地式三级挡土墙形式，配以季相丰富的常绿落叶树搭配的垂枝伞状直立混搭植物，以自然的栽植手法处理立面关系，使其与背景的山体、树林相得益彰，形成叠级式的水彩画的长廊景观。

边界挡墙

台地式挡墙

度假别墅

绿城 白沙湾玫瑰园

白沙湾玫瑰园
BAISHAWAN ROSE GARDEN

白沙湾玫瑰园位于国家 AAA 级风景区浙江省宁波市象山县松兰山海滨旅游度假区中心地段，三面环山，一面临海，坐北朝南。园区面积为 56.7 公顷，主要由别墅群落和五星级酒店构成。法式的独栋别墅点缀在松兰山海边的原生地貌上，背靠巍巍青山，面朝浩瀚大海，原生林木环绕，尽得自然造化。

白沙湾玫瑰园一期汲取法式别墅风格的精华，气质高贵烂漫，端庄大气。规划布局采用围合形式，尽享"独门，独院，独户"，别墅拥有私家前庭后院，拒绝空间共享。私家泳池沐浴在阳光中，置身于玫瑰花园环绕的院子里，海风、花香、鸟语，使人徜徉在和谐美满的世外桃源中。

白沙湾玫瑰园的公共景观以整齐的行道树，自然丰富的背景植栽及花色烂漫的下层种植为主。细腻典雅的主入口 LOGO 墙和欧式古典的湖边宝瓶栏杆突显了小区的高贵和大气。组团入口的对景雕塑、门头形式的装饰矮墙及特殊植物的搭配，强调了组团入口，增强每一个组团的识别性。沿着组团道路两侧是每一栋别墅地块的分隔围墙和典雅的入户铁艺大门，庭院生活的私密性和领域感通过高度在 2.5 米或 2.5 米以上的围合了庭院高墙界定和烘托出来。庭院的布局以和建筑互动的原则强调和建筑的关系，建筑的轴线感通过景观的布局延伸和加强，建筑的室内功能活动空间通过景观设计延伸到室外，从而真正做到室内外生活的融合和互动。庭院中的铺装、景墙、亭子、花架、雕塑等硬质景观沿续法式建筑的高贵和细腻，植物搭配丰富烂漫。通过泳池、壁炉、烧烤台、家居平台、餐厅平台、玫瑰花园、果树、大草坪等户外景观元素满足室外活动的功能要求，营造浓厚的户外生活氛围。

公共景观：主入口

公共景观：主入口夜景

公共景观：主干道景观

公共景观：组团道路景观

白沙湾玫瑰园

公共景观：组团道路入口

公共景观：组团道路对景

白沙湾玫瑰园

公共景观：入户夜景

公共景观：入户立柱和铁门

庭院景观：泳池夜景

庭院景观：室外家居平台

白沙湾玫瑰园

庭院景观：泳池区绿化

庭院景观：泳池景观

白沙湾玫瑰园

庭院景观：主庭院景观

中式别墅酒店

绿城　杭州西子湖四季酒店及度假村

杭州西子湖四季酒店及度假村

HANGZHOU WEST LAKE FOUR SEASON HOTEL & RESORT

杭州金沙港旅游文化村现称"杭州西子湖四季酒店及
度假村"，位于杭州西湖西侧，紧邻西湖，与杭州植
物园、西湖十大景点之一的"曲院风荷"为伴，拥有
得天独厚的风景资源。我们参与了四季酒店的植物设
计和度假村的全套景观设计。

酒店区

我们的设计构思是通过不同主题的植物搭配赋予每个不同功能区域空间的主体性和识别性。

酒店主入口广场四个角落对植帝王树"银杏"，大门两侧分植古松，突出入口的仪式感、庄重感及年代感。与度假村相连的景观大道延续种植香樟，加强了酒店和度假村的延续性和整体感。

标准客房区的景观通过春季、夏季和果木芳香三个主题把三个标准客房区的景观个性效果突显出来。紧邻度假村的西侧有两个标准客房区：一个运用樱花、玉兰、碧桃、茶梅等突出春季主题，营造春花烂漫、树影婆娑的景观效果；另外一个运用紫薇、香橼、龙爪槐等展示植物姿态，结合水景，突出充满画意的夏季景观。位于酒店中部的标准客房及套房区为果木芳香园，运用杨梅、枇杷、香柚等果树及藿香、花叶薄荷、熏衣草等芳香植物，增加景观趣味性。

在酒店的中央泳池区，植物设计配合建筑及主景泳池景观，建筑周边乔木设计配合建筑创造出优美的天际线，泳池区域利用造型植物点缀景观，灌木、地被种植以不遮挡视线为原则，突出春有落英缤纷，夏有满地芳荷的景观特色。
多功能厅及东门厅区的景观结合大面积水景、曲桥、荷花，创造"人在花中游"的意境。主要植物品种有朴树、无患子、紫薇、罗汉松等。

中餐厅区分为内庭区、湖滨区和水系区。内庭区运用西府海棠、玉兰等突显"玉棠春富贵"的特点，湖滨区采用梅花、蜡梅、杨梅、桂花等主景树营造出芳香梅园的景致，水系区通过枫香、红枫、黄栌、青枫、香樟等创造槭树湾效果。

西餐厅区充分利用现有水系条件和水岸植栽，运用湿地景观元素，优化和加强自然水景植物景观。

中央花园小径

主入口

主入口区下层花园

泳池区之保留水杉林

杭州西子湖四季酒店及度假村

中心湖面区

中央草坪区——原生林和新种植物交相辉映

中央草坪区

中餐厅内庭（一）

水系区小径

湖岸小径

中餐厅内庭（二）

酒店东入口

杭州西子湖四季酒店及度假村

度假村之公共区

四季酒店度假村拥有4栋临西湖和9户中式庭院独栋住宅，占地面积从850平方米到4500平方米不等。公共部分有一条连接酒店主入口广场的林荫大道和两条组团内入户道路。

度假村林荫大道以香樟作为主行道树连通至酒店主入口广场，突显酒店和度假村的整体性，创造出绿荫覆盖的常年林荫景观。在酒店和度假村交界处我们设置了一座中式拱桥，跨过经由山泉引入的紧靠围墙的假山石跌水，迎面映入眼帘的是度假村第一大宅门前的假山跌水。沿林荫大道往南，分别进入度假村的两个组团，林荫大道和中间组团道路交界处，我们通过特殊植物配置，强化了组团入口的识别性；林荫大道的端头进入南端的组团道路处，我们利用假山石跌水作为端景，同时界定了组团入口的特殊氛围。两条组团道路的设计秉承了创造邻里交流空间的概念，通过铺装平台大小变化和植物围合来创造空间的收放效果，通过线形的错落弱化车道的通透的生硬的感觉，并把这两条组团道路作为花园式的邻里广场来处理，同时利用铺装和植物的变化来区别两个组团花园，给予两个组团花园识别性和主体性。

度假村入口石桥

度假村门楼

门楼内的石桥

组团道路景观：端头景观

组团道路景观：入口门楼

组团道路景观：街景（一）

组团道路景观：街景（二）

组团道路景观：入户景观

度假村之别墅区

度假村的独栋花园景观设计遵循以下两个原则：一是用适合于现代生活的景观空间进行布局；二是结合中式庭院的风格和细部设计手法进行营造。在我们的庭院设计中，既有传统的小桥流水、亭台楼阁及假山叠石，又有适合车辆出入的入口广场、室外活动的开放草坪及家庭聚会的铺装平台。沿西湖边的四户庭院为了减少水岸边公共步道对庭院的影响，有的利用漏窗围墙，有的利用假山叠石进行自然分隔，既保证了湖边行人不能进入庭院内，又保证了庭院内和西湖在视觉上的联系和融合。

独栋庭院各有特色和主题，依次为淡隐园、鱼唱园、梧泉园、邀月园、甘泉园、竹镜园、听雨园、剪兰园、积云园、畅清园、剪梅园、秋深园及三春园。每个庭院的景观元素包括铺装图案、植物配置、假山叠石等，这些都和庭院主题有关，比如：淡隐园的设计采用山高云淡的用意，利用门口的假山和铺装中的祥云图案来突出主题；鱼唱园的设计把锦鲤畅游于樱花湾池塘中的意境表现出来；在梧泉园中，坐在梧桐树下伴着泉水休憩纳凉的场景温馨、安详；邀月园的水面大而平静，仿佛在邀请月儿来水中做客；甘泉园的古井中，汪汪泉水，源源不断；竹镜园的竹子倒映于水面，轻风袭来，竹声水涟，诗情画意；听雨园的芭蕉和枇杷叶大而厚实，雨打枇杷和芭蕉，听者已醉；在剪兰园中剪兰花、君子兰花间的互动就像人和自然一样和谐完美；积云园中的层层叠石，就像天空中的云彩美妙动人；畅清园的清泉，畅快淋漓，清爽宜人；剪梅园中的梅花傲骨临风，坚硬挺拔；秋深园把秋色深深、满地黄叶的场景通过银杏、无患子、合欢、红枫等秋叶树表现出来，秋季是金色的季节，收获的季节；三春园中早春、仲春和晚春，春意盎然、生机勃勃。梅花、玉兰、桃花、樱花、海棠花、石榴等把春天的色彩渲染得华丽多彩。

淡隐园：入口牌楼

淡隐园：入口广场

淡隐园：入口广场假山

淡隐园：车库广场古桩

淡隐园：入口广场铺装

淡隐园：铺装细部

甘泉园：前庭

杭州西子湖四季酒店及度假村

甘泉园：前庭古井

甘泉园：前院内庭特色铺装及景石

甘泉园：前院内庭

剪兰园：主庭院景观（一）

剪兰园：下层庭院景观

剪兰园：下层庭院石阶　　　　　　　　　　　　　　　　剪兰园：下层庭院水景

秋深园：主庭院景观之景亭

秋深园：主庭院景观之长廊

秋深园：主庭院景观之小桥湖石

杭州西子湖四季酒店及度假村

秋深园：主庭院景观之石阶

秋深园：主庭院景观之水景

秋深园：主庭院景观之水系

秋深园：主庭院景观之休憩平台

秋深园：主庭院景观之平台

秋深园：主庭院景观之休息平台

秋深园：前庭内庭

秋深园：前院内庭及侧院入口

秋深园：后院内庭（一）

秋深园：侧院景观

秋深园: 后院内庭 (二)

秋深园：门楼及栏杆景观

梧泉园：后院主平台

梧泉园：主庭院景观

梧泉园：主庭院景亭

邀月园：花园小径景观

邀月园：门楼景观

邀月园：车库广场及边界隔离景观

鱼唱园：主庭院

鱼唱园：叠石景观

鱼唱园：临湖庭院

度假村：景观细部（一）

度假村：景观细部（二）

高尔夫别墅

宝业 绍兴四季园

绍兴四季园
SHAOXING FOUR SEASON GARDEN

绍兴四季园位于绍兴会稽山国际度假休闲中心区内，东北与会稽山接壤，南临洄涌湖水系，区内配备一个 18 洞高尔夫球场，距离市中心 5 千米。四季园的建筑风格多样，既有新中式、欧式，又有日式，景观设计配合建筑风格，协调融合。公共景观大气自然，植物种植浓密，景观硬质元素把公共建筑的新中式风格贯穿于整个小区。私家庭院充分与建筑风格协调，体现出欧式、日式等景观特点。

公共景观：主入口

公共景观：主入口林荫道

公共景观：主入口桥

公共景观：组团道路

会所景观：台地式草坪花园

会所景观：水景花园

会所景观：后花园游步道

会所景观：台地花园

会所景观：入口花园

法式庭院景观：主花园

意式庭院景观：内庭休憩平台

意式庭院景观：后花园

意式庭院景观：内庭水景花园

意式庭院景观：侧花园

庭院景观：主入口

庭院景观：入口花园（一）

庭院景观：入口花园（二）

庭院景观：侧院小桥流水

庭院景观：主花园

庭院景观：烧烤台

庭院景观：按摩池

乡村别墅

山水置业 富阳水印林语

富阳水印林语
FUYANG SHUIYINLINYU

富阳水印林语位于富阳鹿山新城区，坐落在古木参天、泉水婉转的原生态大坞林场内，园区内水系丰富，湖面面积有约 24000 平方米，并有约 2 千米的天然水系，距富春江仅约 2000 米。我们参与了三期及四期的公共景观和大部分私家庭院景观设计。三期和四期物业有独立别墅、双联别墅、小独栋庭院住宅、联体排屋、叠加排屋及小高层公寓 6 种类型的住宅单体。 园区的西面规划为山水运动休闲俱乐部，与天然山水浑然一体，仿佛自然生长在森林里。俱乐部设有生活超市、顶级运动会所、高尔夫练习场、网球场等配套设施。

景观设计与小区的山地特点和美式建筑风格相协调，以山为背景，以水系为中心，在公共区营造自然、放松的休闲氛围， 而在私家庭院根据建筑布局和庭院条件创造台地式的自然花园或者台地式的规则花园。我们对前庭和后院进行精细的设计，既保证庭院的私密性，又满足居住者在室外生活的领域感和归属感。每一户的院子用围墙（铁艺＋实体墙）和铁艺大门围合起来，形成一个完全私密的花园空间。在花园里面，布置室外平台、烧烤台、泳池、按摩池、水景，配以果树、花树、草坪等，营造出浓厚的室外居家生活氛围。

公共景观：主干道景观

公共景观：道路绿化

富阳水印林语

公共景观：垂直绿化

公共景观：组团街景（一）

公共景观：俯瞰道路

公共景观：水系

公共景观：入户台阶

公共景观：组团街景（二）

富阳水印林语

庭院景观：大草坪区

庭院景观：草坪花园

庭院景观：主庭院

庭院景观：俯瞰泳池

庭院景观：泳池跌水

庭院景观：山地台阶

庭院景观：泳池区

庭院景观：室外家居平台

庭院景观：休憩平台

合院别墅

绿城 · 青山湖红枫园

青山湖红枫园
QINGSHAN LAKE RED MAPLE GARDEN

青山湖红枫园是绿城新一代低密度自然山水作品，北依山地森林，西望青山湖，南临南苕溪，环山绕水。依山脉而设的中央景观带，轴线感强烈，尽显法式典雅、庄重、大气的特点。融汇法式别墅和中式合院于一体的内庭私密、高雅。

公共景观：中央主轴景观带

公共景观：中央主轴景观下层草坪花园

公共景观：中央主轴景观

公共景观：中央主轴景观水景雕塑

公共景观：组团道路景观

庭院景观：内庭花园

公共景观：主入口 LOGO

公共景观：中央轴线景观细部

公共景观：入户细节

休闲别墅

绿城 · 昆山玫瑰园

昆山玫瑰园
KUNSHAN ROSE GARDEN

昆山玫瑰园位于昆山阳澄湖国际旅游度假村，整个小区三面环水，东靠湖滨路，西邻阳澄湖。景观设计配合以法式风格为主的建筑，在庭院设计中引入室外家居灰空间的概念，并利用连廊连接主体建筑和家居灰空间，方便室内外功能空间的无障碍全天候畅通。

公共景观：主入口

公共景观：售楼处中心花园

昆山玫瑰园

公共景观：售楼处前花园

公共景观：售楼处前花园长廊

公共景观：主干道景观

公共景观：组团道路景观

庭院景观：室外花架连廊

庭院景观：泳池花园区

庭院景观：室外家居景亭

庭院景观：连廊

庭院景观：室外家居室

致谢
ACKNOWLEDGEMENTS

感谢所有在我们公司工作的设计师，是他们的热情和创造性的工作，成就了我们的品质。

感谢所有的甲方，没有他们的信任和支持，就没有我们今天的成就。

感谢所有的建筑师、规划师、施工图制作单位，我们非常幸运可以彼此协调配合来完成这么多优秀的作品。

感谢所有景观施工公司，没有他们的辛勤工作，我们的设计理念就不能贯彻和实施。

感谢提供我们项目照片的甲方和朋友们。

奇思哲·张立红

北京朝阳区农展馆南路 13 号瑞辰国际中心 0918 室

邮编：100125

电话：010-64096003/6013/6209

传真：010-64096130

网站：www.hczdesign.com